Introduction

LE GRAND SAVANT Anglais lord Kelvin estimait qu'on ne connait vraiment une chose que lorsqu'on l'a mesurée, c'est-à-dire comparée à une autre. Des ses premiers contacts avec le monde extérieur, l'être humain pourvu d'intelligence a été amené a évaluer les objets qui tombaient sous ses yeux, pour en apprécier l'importance relative, et a établir des termes de comparaison pour classer les ordres de grandeur et de poids. Or, l'homme primitif portait des unités de mesure toutes prêtes dans les de ses mains de ses bras, de ses pieds, de ses jambes ; il apprit naturellement a se rappeler et a décrire les dimensions des objets en prenant comme unités de mesure, par exemple, la largeur d'un doigt, du pouce ou de la paume , la longueur de sa main , de son coude ou de son pied, l'envergure de ses bras, la hauteur de sa taille . Ces unités se retrouvent d'ailleurs dans tous les anciens systèmes de mesures et se sont même transmises jusqu'à nos jours, pour la plupart, sous les noms de pouce, pied, paume, palme, coudée, brasse, toise, etcetera.

Les unités de mesures chez les anciens

Pour apprécier les distances, l'homme des qu'il eut des notions de numération, compta ses pas d'un point a un autre en leur attribuant une longueur moyenne, ce qui se fait encore couramment de nos jours pour les relevés topographiques approximatifs. Chez les Egyptiens, grands bâtisseurs de monuments, les mesures de longueur courantes étaient le doigt, la palme, le pied, la coudée, celle-ci variant considérablement selon les époques et même selon les chantiers (coudée royale, coudée commune, etc.) Les Romains, soucieux d'ordre et de l'égalité, avaient réussi a maintenir un système uniforme de mesures dans tout leur empire, c'est-a-dire d'Angleterre jusqu'en Afrique, d'Espagne jusqu'en Syrie. Les unités principales de ce système étaient les suivantes :

Digitus : le doigt, environ les ¾ du pouce.

Palmus : la palme (4 doigts).

Pes : le pied (16 doigt)

Cubitus : la coudée (24 doigts).

Gradus : le pas simple ($2^{1/2}$ pieds).

Passus : le double pas (5 pieds).

Stadium : le stade (625 pieds, c'est-a-dire la distance qu'un athlète en forme pouvait franchir en courant sans « reprendre son souffle »)

Millia passuum : le mille (1000 doubles pas ou 5000 pieds).

Au nord du forum, tout près de la tribune des orateurs et du centre symbolique de la cite (Umbilicus Urbis), s'élevait le « Miliarium Aureum », colonne de pierre dorée ou étaient gravées les distances des principales villes de l'empire romain, et, a partir de cette colonne, des bornes miliaires jalonnaient de mille en mille les grandes routes conduisant vers ces villes. Les prototypes de ces mesures romaines étaient conserves a l'intérieur de la citadelle surmontant le capitole, dans l'un ou l'autre des temples qui s'y trouvaient et confies a la garde des édiles, qui étaient charges aussi de la surveillance de l'atelier des monnaies loge dans le temple voisin de Juno Moneta. Ainsi les étalons des mesures romaines (mensurae capitolinae), a cause de leur mis sous la protection des dieux et la surveillance gardiens spéciaux ; de plus, ces temples étaient proclames inviolables par des lois très sévères. Le bel équilibre de ce système de mesures fut détruit après le démembrement de l'empire romain et ce fut dans les Gaules, semble-t-il, qu'il persista le plus longtemps. Au moyen âge, cependant, avec le morcellement des influences politiques, la confusion dans les poids et mesures était devenue telle que charlemagne lui-même ne put en venir a bout malgré son capitulaire explicite d'Aix-la-Chapelle en 789 ; pas plus d'ailleurs que Charles le Chauve avec son édit de 864 .Et survint l'époque féodale , ou le moindre seigneur du plus petit fief s'arrogeait tous droits d'étalonnage puisque les revenus de la taxe étaient bases sur des unités de longueur , de surface , de volume ou de poids, et que l'importance des unités était fonction de son bon plaisir.

L'avènement des hanses, des ghides (guildes) et autres corporations ne fit qu'aggraver ces formes de particularisme économique en les opposants les unes aux autres. Les rois de France n'y purent rien changer malgré toutes les interventions ; sous prétexte de contrôler les corporations, ils leur accordèrent mêmes des privilèges qui consacrèrent la diversité des systèmes de mesures. A la veille de la révolution française, il existait sous ce rapport une extrême confusion qui se manifestait tout particulièrement dans le commerce des grains. Une édition de 1771 du _Livre des comptes faits_ de Bertrand-François Barème (1640-1703), publiée avec approbation et privilège du roi, est révélatrice de cet état de chose : dans deux nombreux villages et villes du Mâconnais et du Dijonnais, qui n'étaient pourtant éloignés les uns des autres que de trois ou quatre lieux, les mesures d'avoine et de blé portant les mêmes noms différaient souvent du simple au double. Le barème ou barême[1] en question énuméré une cinquantaine de localités dans chacune desquelles un délégué du roi et un mesureur juré sont préposés a donner « bonne mesure » ; puis il ramène, pour fin de comparaison, toutes ces mesures particulières (âne, bichet, coupe, emine, mounion, nouvaine, penot, etc.)

Au boisseau de Lyon et a ses subdivisions, après avoir indiqué comment remplir le récipient (comble, racle, roule au rouleau, a un doigt ou a deux doigt du bord, a fer decouvert, frappe trois fois sur le planche, etc.) c'était l'extrême dans l'incohérence.

La Révolution française abolit l'ancien Système des mesures

Lorsqu'en 1790 Tallerand présenta a l'assemblée nationale constituante, dont il était le président, un projet d'unification des poids et mesures pour mettre fin aux « embarras subis constamment par le commerce honnête », lorsqu'en 1972 l'Assemblée nationale fut sollicitée pour faire cesser au plus tôt un mouvement qui s'opposait

« a la libre circulation des grains dans le royaume », il y avait déjà longtemps que l'opinion publique réclamait une reforme de ce cote .Déjà, en 1670, l'abbé Gabriel Mouton, vicaire de l'église Saint-Paul a Lyon, avait propose un système décimal de poids et mesures base sur la longueur de l'arc d'une minute d'un méridien terrestre.

Pour les révolutionnaires de la convention, en plus les inconvénients économiques que présentait le système de mesures encore en usage a cette époque, il avait un défaut initial qui en fit presser l'abolition :c'était un vestige de l'ancien régime. Dans son projet de 1790.Talleyrand avait propose comme prototype, ou étalon de mesure, la longueur du pendule simple qui bat la seconde a la latitude dev 45^0.

Cette unité avait d'ailleurs déjà été proposée par des physiciens et mathématiciens des 17 e 18 e Siècles : Wren, picard, Huygens et la condamné .L'Académie des sciences, a la suite d'un décret de l'Assemblée nationale constituante , créa une première commission qui conclut en octobre 1790 a l'usage exclusif de l'échelle arithmétique (ou décimale) pour tous les poids , mesures et monnaies. Une autre commission se prononça en mars 1791 sur le choix d'une unité de mesure prise dans la nature et la mieux propre a servir de base a toutes les autres :on opta pour les dix-millionième partie du quart du méridien terrestre, entre l'équateur et le pole[2] comme il était impossible de mesurer en entier un quart de grand cercle, il fallut se borner a un arc suffisamment grand et s'étendant de part et d'autre du 45e parallèle, de façon a pouvoir tenir compte de l'aplatissement de la terre aux pôles.

(1) Le nom de Bertrand-François Barème est ainsi passe dans la langue Française.
(2) Eratosthène, mathématicien et astronome grec (275-195 av J.-C), qui croyait a la rotondité de la terre, calculait déjà a cette époque la longueur du méridien et en donnait une mesure qui, transposée en unités modernes, approchait 40 millions de mètres !

La base de calcul du nouveau système

Le projet de l'Académicien des sciences fur adopte par l'Assemblée nationale et sanctionne le 30 mai mars 1791 : en conséquence, la distance du pole a l'équateur devenait la base de calcul du nouveau système de mesures et l'Académie était chargée de toutes les opérations nécessaires a ce calcul, notamment la mesure d'un arc de méridien de Dunkerque a Barcelone .Encore fallait il construire de toutes pièces , souvent après les avoir imagines ou perfectionnes , les instruments et l'équipement requis pour ces mesures de précision et, en particulier , quatre cercles astronomiques pour les calculs de l'arc méridien, des règles de platine pour la mesure des bases , divers objets pour déterminer la longueur du pendule a secondes , des appareils pour trouver le poids d'un volume d'eau connu et fixer ainsi cette unité.

Tous ces travaux préparatoire prenait du temps, et la convention, qui avait remplace l'Assemblée législative,. S'impatientait ; elle décida, a la suite des explications de l'académie, d'établir un mètre provisoire en attendant l'étalon définitif qui résulterait des nouvelles mesures de l'arc de méridien (on était en 1793 et le nouvel étalon ne devait être prêt qu'en 1799). Provisoirement l'unité de mesure fut basée sur une unité existante soit la toise de l'Académie ou toise du Pérou.

Pour expliquer cette dernière appellation, il faut rappeler qu'avant la révolution française et des la fin du 17e Siècle , il y avait déjà eu un certain nombre de mesures d'arcs de méridien opérées sous diverse latitudes , et surtout par des équipes de géodésiens français, notamment :méridienne de l'abbé Picard (1669-1670), entre Amiens et Paris ; prolongation de la chaine de picard , par les Cassini et leurs associes (1683-1718), vers Dunkerque , Nord, et vers collioure, dans les Pyrénées-Orientales ; expédition de Laponie (1736-1737), avec Maupertuis, Clairaut, Celsius et leurs associes :expédition du Pérou (1735-1744),avec Godin ,Bouguer, La condamné ,Joseph de Jussieu et un certain nombre d'adjoints.

La toise de l'Académie,. Qui devait servir a établir le mètre provisoire, était, était précisément celle qui avait servi pour les mesures de l'expédition du Pérou, d'où sa seconde appellation. Et la toise étant alors subdivisée en 864 lignes , il se trouva que la portion de toise qui correspondait au dix-millionième du quart de méridien , tel que déterminé au Pérou par l'arc de Bouguer , était de 443, 442 lignes, c'est-à-dire la longueur officielle du mètre provisoire .Construit en laiton , cet étalon provisoire fut remis au comite d'instruction publique ; on peut le voir de nos jours au conservatoire des Arts et Métiers.

Laplace présente les étalons du mètre et du kilogramme

Quant au prototype définitif, il fut construit en platine et déposé aux archives le 22 juin 1799 .mais pour en arriver la donner a cet étalon une longueur précise en fonction de la toise, comme on l'avait fait pour l'étalon provisoire, il avait fallu attendre les résultats des nouvelles observations effectues par Delambre et Mechain (1792-1798) le long du méridien de paris en Dunkerque et Barcelone, sur un arc d'amplitude 9^0 40'. Ces résultats combines avec ceux de l'arc du Pérou, donnèrent pour le mètre définitif une longueur de 443.296 lignes, comparativement a 443.442 pour le mètre provisoire.

Le 22 juin 1799 , en présentant les étalons du mètre et du kilogramme aux corps constitues de la république, Laplace, parlant au nom de l'institut, prononça entre autres les paroles suivantes : «nous possédons a présent et le mètre de la nature , pour les mesures de la nature, et le kilogramme vrai qui en résulte…précisément , dans l'intention d'établir un moyen Borda, a qui les sciences ont tant d'autres obligations, a déterminé avec la plus grande décision les dimensions du pendule qui bat les secondes a paris . Des barres de platine ont été préparées pour faire a volonté et partout ou on les transportera, d'autres pendules de comparaison.» Ainsi, tout en faisant preuve de prévoyance, on réussissait a donner quelque satisfaction aux tenants de l'étalon-pendule.

Quoi qu'il en soit, les étalons définitifs remplacèrent les provisoires par la loi du 10 décembre 1799 .En fait, jusque la, il n'existait qu'un seul étalon, le mètre provisoire ; la loi du 7 avril 1795 définissait seulement une unité de poids, le gramme, a partir de la centième partie du mètre. La nouvelle loi fixait définitivement la longueur du mètre en fonction des anciennes mesures a 443.296 lignes ; de plus, cette loi décrétait que les étalons définitifs des mesures de longueur et de poids seraient , dans toute la république , le mètre et le kilogramme en plaine déposés le 22 juin précédent au corps législatif par l'institut national des sciences et des arts.

Le système métrique est impose dans les écoles

Mais l'usage des nouvelles mesures décrétées par la loi du 7 avril 1795 rencontrait en France une opposition toujours plus forte et l'on continuait de s'en tenir dans le commerce a la vieille habitude des anciennes mesures. Sous prétexte de ménager une transition et de ne pas brusquer l'opinion publique, un décret du 12 février 1812, tout en consacrant la continuité du système légal, donnait instructions au ministre de l'intérieur de faire confectionner pour l'usage du commerce des instruments de pesage et de mesurage qui présenteraient les unités légales en fractions, et en multiples les plus en usage dans le commerce, le tout « accommodé au besoin du peuple » ; ces instruments devaient porter sur leurs diverses faces la comparaison des divisions et des dénominations légales avec celles « anciennement en usage ». Mais en attendant de connaitre les résultats de cette « innovation », le système légal devait être le seul enseigne dans toutes les écoles et le seul employé dans toutes les administrations publiques. Pour mieux juger comment ce décret du 12 février 1812 présenterait aux commerçants la base même du système métrique, voyons la nomenclature des unités du système telle qu'elle avait été adoptée par la loi du 7 avril 1795.

Mètre : la longueur du mètre-étalon.

Acre : la surface d'une carre de 10 mètres de cotes.

Stère : la mesure du bois de chauffage égale à 1 mètre cube.

Litre : la mesure de capacité contenant le cube de la dixième partie du mètre (décimètre cube).

Gramme : le poids d'un volume d'eau égal au cube de la centième partie du mètre (centimètre cube).

Les fractions et les multiples du mètre :

Décimètre : $1/10$ de mètre.

Centimètre : $1/100$ de mètre.

Décamètre : 10 mètres.

Hectomètre : 100 mètres

Kilomètre : 1000 mètres

Myriamètre : 10,000 mètres

Les dénominations des mesures des autres genres (litre, gramme, are, stère) étaient déterminées de la même façon et avec les mêmes préfixes. Dans les poids et mesures de capacité, il y avait un double et une moitié pour toutes les valeurs décimales.

En face de ce système métrique si bien ordonne, l'arrêté d'exécutions du nouveau décret de 1812 permettait aux commerçants d'employer les anciennes unités, mais rajustées en fonction du mètre : la toise de 2 mètres le pied de $1/3$ de mètre, la ligne de $1/432$ de mètre, l'aune de 120 centimètre, le boisseau de 1/8 d'hectolitre, l'once de 31.25 grammes et le gros de 3.906 grammes.

Les mesures décimales entrent peu à peu dans les habitudes

Ces tolérances eurent pour effet de permettre l'usage, un peu partout, de trois sortes de mesures : les anciennes qui persistaient toujours ; les

« nouvelles anciennes », de création récente ; et celles du système métrique .Malgré cet état apparent d'anarchie, les mesures décimales entraient peu a peu dans les habitudes ; il y avait pour cela trois raisons :les mesures usuelles n'étaient admises que dans les commerce de détail ; les mesures métriques étaient seules employées dans l'administration et le haut commerce ; le système métrique était enseigne dans les écoles .

En 1837, la période de transition semblait révolue ; le 4 juillet de la même année, une nouvelle loi abrogeait le décret du 12 février 1812 concernant les poids et mesures, permettait l'usage jusqu'au 1er Janvier 1840 des instruments de pesage et de mesurage a base de mesures anciennes, mais interdisait a partir de cette date, sous peine des sanctions du code pénal, tous poids et mesures autres que ceux du système métrique.

La France propose le système métrique au reste du monde

Enfin, la France prêchait d'exemple en mettant de l'ordre dans sa propre maison et pouvait désormais proposer au reste du monde les bienfaits de son initiative. Ce n'est d'ailleurs vraiment qu'après le vote de la loi de 1837 que le gouvernement français s'efforça sérieusement de faire connaitre le système métrique a l'étranger en provoquant des échanges de mesures .En raison de la multiplicité des étalons de mesure employés pour déterminer les quantités et les prix les produits de toutes les parties du monde. C'est surtout a l'occasion des expositions universelles que se manifesta le besoin d'un système international de poids et mesures .Ainsi, une députation anglaise qui avait assiste comme commissaires et membres de jury a l'exposition universelle de l'industrie tenue a parie en 1855 , adressait en mars 1859 a M. Disraeli, chancelier de l'échiquier , un mémoire ou il était énergiquement recommande aux hommes éclairés amis de la civilisation , et partisans de la paix et de l'harmonie dans le monde », de promouvoir l'adoption d'un système uniforme de poids et mesures base sur la numération décimale .En 1864, l'usage du système métrique fut autorise en Angleterre et, en 1868 , il était introduit en Allemagne un mouvement d'opinion était amorce dans le monde des savants et des industriels ; a la suite de vœux exprimes par les académies des sciences de Saint-Pétersbourg et de paris , ainsi que par la conférence géodésique internationale de Berlin, en 1867, le gouvernement français invita tous les pays étrangers a déléguer des représentants aux assises d'une commission internationale du mètre qui se tiendrait a Paris ; 24 états désignèrent des délégués et la première séance de la commission a la date fixée, le 8 aout 1870 , malgré la guerre qui venait d'éclater entre la France et l'Allemagne. A cause de l'absence de certains délégués, notamment ceux de la Prusse, de la Bavière et du Wurtemberg, la commission s'ajourna, après cinq séances d'études préparatoires, en attendant des circonstances plus favorables et nomma avant de se séparer un comite de recherches préparatoires en vue de sa prochaine réunion.

Une commission Internationale siège à paris en 1872

Cette réunion, a laquelle prirent part 51 délégués de 30 états, eut lieu a paris en 1872 ; elle tint 11 séances du 24 septembre au 12 octobre. Parmi les 40 résolutions qui furent prises par la commission, il convient d'en citer quelques-unes qui témoignent de l'accord qui s'était réalisé autour de certains points jusque la fortement controverses :

a) Pour l'exécution du mètre international, on prend comme point de départ le mètre des archives dans l'état ou il se trouve. Contrairement aux appréhensions de certains étrangers, les commissaires avaient pu constater que cet étalon, ni celui du kilogramme n'avaient subi d'avaries graves pendant leur séjour aux archives.

b) L'équation du mètre international sera déduite de la longueur actuelle du mètre des archives .On avait renonce a remettre en question la définition théorique de cette longueur , basée a l'origine sur la longueur du méridien terrestre.

c) On emploiera pour la fabrication des mètres un alliage compose de 90 parties de platine de 10 d'iridium .le prototype des archives était en platine et s'était conserve excellemment ; mais , a la suite des recherches du chimistes français Henri Sainte-Claire Deville , on choisit la platine iridié qui présentait des garanties encore meilleures d'inaltérabilité.

d) Il est décidé que le kilogramme international sera

déduit du kilogramme des archives dans l'état actuel, c'est-à-dire indépendamment de la détermination du vrai poids du décimètre cube d'eau, qui devait être faite également de la détermination du vrai poids du décimètre cube d'eau, qui devait être faite également par les soins de la commission internationale.

e) La matière du kilogramme international sera la même que celle du mètre international, c'est-à-dire en platine iridié.

Création international des poids et mesures

Avant de se séparer, la commission élut une comite permettant de 12 membres qui devenait organe d'exécutions dans l'intervalle qui séparait les sessions de la commission. Le comite permanent, assiste de la section française, travailla aussitôt a la confection des nouveaux prototypes et, une fois satisfait de leur qualité, fit convoquer par le gouvernement français une réunion qui devait s'appeler conférence diplomatique du mètre et ou les états intéressés de techniciens .A cette réunion , qui eut lieu a paris en mars 1875 , les gouvernements des principaux pays du monde , par un traité appelé convention du mètre, s'engagèrent a entretenir a frais communs et de façon permanente un Bureau international des poids et mesures de caractère scientifique .ce Bureau , qui fonctionne toujours , mais dont les attributions ont été élargies depuis lors, fut installe dans le pavillon de Breteuil , situe a sèvres dans une enclave du parc de Saint-Cloud. Le terrain, qui fut légué par le gouvernement français avec le pavillon et ses dépendances, est bien protégé contre les trépidations et les recherches peuvent s'y poursuivre dans le calme requis. Dans ces laboratoires construits pour les mesures de très haute précision, un personnel d'élite commença, dès la fin des installations en juin 1877, a s'acquitter de sa mission telle que définie par l'article 6 de la convention du 20 mai 1875 transcrit ci-dessous. Le Bureau International des poids et mesures est charge :

De toutes les comparaisons et vérifications des nouveaux prototypes du mètre et du kilogramme ;

De la conservation des prototypes internationaux ;

Des comparaisons périodiques des étalons nationaux avec les prototypes internationaux et avec leurs témoins, ainsi que celle des thermomètres-étalons ;

de la comparaison des nouveaux prototypes avec les étalons fondamentaux des poids et mesures non métriques employés dans les différends pays et dans les sciences ;

Et l'étalonnage et la comparaison des règles géodésiques ;

De la comparaison des étalons et échelles de précision dont la vérification serait demandée, soit par des gouvernements, soit par des sociétés savantes, soit même par des artistes et des savants.

La conférence de paris de 1889 donne la définition du mètre

Quand la conférence générale des poids et de mesures se réunit a paris en septembre 1889, elle sanctionna les opérations conduites depuis une douzaine d'années par le bureau international et sous surveillance du comite international, pour l'établissement des prototypes définitifs ; elle approuvera en particulier la nouvelle définition du mètre : «*la distance entre deux traits graves sur une barre de platine iridié appelée prototype international du mètre, lorsque cette barre est a la température de la glace fondante et glacée horizontalement dans des conditions spécifiées* »

Comme nous le verrons plus loin, cette définition devait durer 71 ans, c'est-à-dire jusqu'au 15 octobre 1960, alors que la Onzième conférence générale des poids et mesures définissait la longueur du mètre en fonction de la longueur d'onde irradiée par le gaz krypton.

On peut s'étonner du temps que prirent les physiciens pour déterminer des unités de mesure, des définitions et des moyens de contrôle sur lesquels tous les intéressés pussent tomber d'accord. La métrologie est une science rigoureuse, celle du doute cartésien et de la méfiance .Avec les découvertes de plus en plus surprenantes dans l'application des lois naturelles et avec la création d'instruments de plus en plus précis, les méthodes expérimentales sont constamment remises en question et sans cesse renouvelées. Lorsque le bureau international des poids et mesures fut crée en 1875, la convention qui le régissait limitait ses attribution a la conservation , a la comparaison et a la distribution des prototypes .Depuis lors , a cause des nécessités de calibrage des instruments dont il se servait pour effectuer ses contrôles , a causes aussi des besoins toujours croissants de normalisation dans les sciences et dans l'industrie , il dut par surcroit se consacrer a l'étude approfondie des mesures de temps, de quantités électriques, de température et de lumières. En un mot, le Bureau fut charge de façon générale, tel que l'exprime le texte révisé du règlement de 1875 .« *des déterminations relatives aux constantes physiques dont une connaissance plus exacte peut servir a accroitre la précision et a mieux assurer l'uniformité dans les domaines auxquels appartiennent les unités* » de son ressort (mètre, kilogramme, unités électriques).De toute façon, dans le vaste champ de la métrologie, on ne peut dissocier la science appliquée de la science pure, alors que se réalisé la grande synthèse ou tous les phénomènes physiques, y compris la structure atomique de la matière et de l'énergie, sont lies aux propriétés de l'électron et des ondes lumineuses ou électromagnétiques . Les instruments, nombreux et compliques, se surveillent les uns les autres ; les opérations sont longues, minutieuses et souvent même fastidieuses. Avec les techniques modernes, les risques d'erreur sont plus fréquents et plus sérieux que lorsqu'il s'agissait simplement de confectionner et de comparer des règles divisées. Pour assurer une quasi certitude dans l'exactitude des mesures, il faut que le physicien recoure a de multiples contrôles et compte sur une vaste expérience ou les échecs eux-mêmes sont mis a profit. Il arrive aux meilleurs et aux plus savants de négliger la petite précaution élémentaire ou de ne pas déceler la légère erreur d'étalonnage dans le maniement des nombreux instruments qui les servent.

En fin de compte, les travaux, les travaux du Bureau international des poids et mesures depuis sa fondation est devenue une exploration persistante et hardie dans le domaine scientifique ; il a bien servi l'humanité en apportant une perfection et une perfection et une curiosité aussi grandes aux taches qui lui ont été confiées.

Les fondateurs du système métrique avaient voulu rattacher le mètre aux dimensions de la terre dans l'espoir que cette unités serait impérissables et que l'étalon de mesure , sa représentation matérielle, serait plus facilement adopte par la nation et par l'univers parce que tire de la nature .C'est cet espoir qu'exprimait en termes lyriques le grand physicien Pierre-sinon de Laplace , lorsqu'il présenta en 1789 , aux citoyens représentants du peuple souverain , les étalons du mètre et du kilogramme .«Il y a quelque plaisir. » disait-il, «pour un père de famille a pouvoir se dire : le champ qui fait subsister mes enfants est une telle portion du globe ; je suis dans cette proportion copropriétaire du monde.... »

Mais l'emphase lyrique sied mal aux savants. A peine un demi-siècle plus tard, François Arago, féru d'optique et maitre du principe des interférences lumineuses, touchait une note plus juste lorsqu'il réclamait « une mesure susceptible d'être reproduite quand même des tremblements de terre, des cataclysmes épouvantables viendraient a bouleverser notre planète et a détruire les étalons prototypes gardes aux archives ». D'ailleurs à partir de 1930, une évolution avait eu lieu dans les concepts métrologiques et l'on était de plus en plus porte à considérer les prototypes du mètre comme des étalons conventionnels et non plus naturels.

Création d'un Prototype international : Précision accrue

A mesure que se multipliaient sur la face de la terre, a toutes les latitudes et toutes les longitudes, les triangulations géodésiques pour mesurer des longueurs d'arcs de grands cercles, on se rendit compte que tous les méridiens, même ramenés au niveau moyen des mers, n'ont pas la même courbure et qu'ils ne sont d'ailleurs strictement égaux .Les qualités des étalons de mesure sont essentiellement la permanence, la précision et la facilite avec laquelle on peut se reproduire. La recherche de ces qualités a été le souci des métrologistes depuis plus d'un siècle et renonçant de bonne heure a l'idée de prendre des unités de mesure dans les dimensions du globe, ils ont cherche au contraire a s'affranchir de l'instabilité de la matière solide. Comme nous l'avons vu précédemment , il fut décidé en 1972, par tous les pays intéressés, de renoncer a rattacher l'unité de longueur a une dimension prise dans la nature et de prendre , comme point de départ pour la création du mètre international, le mètre des archives dans l'état ou il se trouvait. Il s'agissait de reproduire cette longueur existante de façon qu'elle fut inaltérable et qu'elle put être répétée avec la plus grande précision pour la distribution de centaines d'étalons secondaires devant servir au contrôle des mesures dans tous les pays du monde. C'était donc à partir de ce moment une mesure purement conventionnelle et l'on cessait désormais d'en discuter l'origine. Cette longueur du mètre serait donc comprise entre deux traits graves sur la surface et près des deux extrémités d'une barre de platine iridié, alliage dont l'inaltérabilité exceptionnelle avait été démontrée par de multiples essais. Seulement, on avait observe qu'a cause de la déformation des règles par flexion, la distance entre les traits graves a leur surface était plus ou moins éloignée du plan des fibres neutres ou plan central. De façon a augmenté la rigidité des barres tout en réduisant la masse d'alliage très couteux qui les compose, on adopta comme section transversale de ces barres la forme évidée en imaginée par le savant français Henri tresca. Un autre avantage marque de cette construction est que la rainure supérieure du x présente comme fond le plan même des fibres neutres , et que c'est sur ce plan que l'on trace la longueur du mètre pour tous les prototypes ; l'effet de déformation par tension ou par compression des fibres supérieures ou inferieures est ainsi réduit pratiquement a zéro sur le plan de mesure .La création de ce prototypes international et de nouvelles méthodes d'observation constituait un progrès immense sous le rapport de la pression et du calcul des équations de correction. Au début du 18ieme siècle , on ne pouvait pas dépasser comme précision une limite de 1/200 millimètre tandis qu'au début du 19 siècle, grâce au microscope micrométrique , a l'obtention de traits irréprochables et a une thermométrie , a une thermométrie précise (le demi-centième de degré et mieux), on pouvait déjà réaliser $2/100.000$ d'exactitude .

Recherche d'un étalon de longueur dans les ondes lumineuses

Mais on espérait mieux encore .Au milieu du 19e siècle, le physicien français Louis Fizeau avait eu l'idée (comme Jacques Babinet en 1827) de chercher l'étalon de longueur dans les ondes lumineuses :« un rayon de lumière , » disait-il, « avec ses séries d'ondulations d'une ténuité extrême, mais parfaitement régulière régulières, peut être considéré comme un microscope naturel de la plus grande perfection, particulièrement propre a déterminer des longueurs .» pour réaliser cette conception , il fallut attendre la fin du 19 e

Siècle et les recherches des savants Michelson et Morley[3] sur les mensurations optiques a partir de raies spectrales d'une extrême finesse. On doit en particulier a Albert A. Michelson, physicien américain, une méthode d'observation des radiations lumineuses des atomes ; en ayant distingue une qui lui semblait appropriée, il vint en 1892 au Bureau international des poids et Mesures pour en mesurer la longueur d'onde sur une copie du prototype international du mètre. Il mesurait la longueur d'onde avec un interféromètre qui porte son nom ; cet appareil fonctionne d'après le principe suivant une radiation lumineuse pénètre dans l'interféromètre et y est fractionnée, par un jeu de miroirs et de plaques de verre, en deux ondes qui se superposent avec un décalage qu'on appelle de marche

.Si la différence de marche est telle que les crêtes des deux ondes partielles se superposent , elles se renforcent en produisant une lumière intense ; mais si les crêtes de l'une correspondent aux creux de l'autre , il y a obscurité . Par le déplacement d'un miroir, on fait varier la différence de marche et on retrouve des maximums de lumière chaque fois que le décalage a varie d'une longueur d'onde. La fréquence de la radiation s'obtient en divisant la vitesse de la lumière (299,793 kilomètres-seconde dans le vide) par la longueur d'onde observée.

(3) Leurs expériences fameuses sur la vitesse de la lumière inspirèrent fortement la théorie de la relativité d'Einstein.

Une nouvelle définition du mètre par l'atome de krypton

L'étude des radiations optiques , qui est l'objet de la spectroscopie , a apporte au début de nombreuses déceptions ; et malgré la constance apparente de la vitesse de la lumière, il faut être sur de répéter rigoureusement toutes les conditions de production et de propagation d'une radiation lumineuse avant de pouvoir compter sur la permanence du chiffre de sa longueur d'onde .Même pour les radiations les plus homogènes, il est toujours survenu des difficultés pour modifier la fréquence moyenne : température , pression , champ magnétique, gravitation , source de radiation , etc.

Avec méthode et ténacité, le Bureau international des poids et mesures s'est attaque a ces divers problèmes et a réussi a les résoudre de façon a faire admettre une nouvelle définition de mètre.

Le 14 octobre 1960, la onzième conférence Générale des poids et mesures décidait a l'unanimité que :

Le mètre est la longueur égale a 1,650,-763.73 longueurs d'onde dans le vide de la radiation correspondant a la transition entre les niveaux [4] $2p_{10}$ et $5d_8$ de l'atome de krypton-86[5].

La définition du mètre, en vigueur depuis 1889, fondée sur le prototype international en platine iridié, est abrogée. Le prototype international du mètre sanctionne par la première conférence internationale des poids et mesures de 1889 sera conserve au Bureau international des poids et Mesures dans les même conditions que celles qui ont été fixées en 1889.

Ceci ne veut pas dire que le prototype international a traits soit écarté ; il servira toujours comme terme de comparaison .Il a d'ailleurs rendu d'éminents services sous le rapport de la permanence et de la précision et a toujours répondu aux exigences de la science et de l'industrie

Le krypton, un des gaz rares contenus dans l'air liquide par la distillation fractionnée de l'air liquide. Il est compose de 6 isotopes, dont l'un de masse 86 est ensuite sépare des autres par thermo diffusion. Les radiations optiques de cet isotope sont produites dans un tube a décharge froidi jusqu'à une température variant entre -210 et -215^{0}C

(4) Il s'agit ici de niveaux de radiation spectroscopique relèves sur une échelle de Paschen ; ces niveaux correspondent a divers degrés d'ionisation de l'atome qui, a la suite de décharges électriques dans une lampe spéciale, émet des radiations optiques dont les fréquences sont proportionnelles aux variations de l'énergie d'excitation.

(5) D'autres études avaient défini le mètre en fonction des longueurs d'onde suivantes :

1,553,164.13 longueurs d'onde de la raie rouge du cadmium ; et

1,831,249.21 longueurs d'onde de la raie verte de l'isotope de mercure 198.

L'appareillage nécessite par le nouvel étalonnage

Utilise par le Bureau International, cet appareillage comporte essentiellement : un comparateur a microscopes photo-électriques combine avec un interféromètre ; un pupitre électronique pour les commandes de la règle divisée, des microscopes électriques , de l'interféromètre ; une lampe a krypton-86 avec tout son appareillage auxiliaire (alimentation électrique, refroidissement, etc.) ; un monochromateur ou séparateur des radiations ; un photomultiplicateur pour la mesure des interférences.

On compte qu'avec tout ce dispositif, qui réduit d'ailleurs au minimum le facteur personnel d'erreur, on pourra obtenir une précision au moins 20 fois supérieure a celle que l'on pouvait espérer, avec le mettre en platine iridié. Cela correspondait, a l'échelle des mesures canadiennes, a une incertitude d'environ un pouce sur la distance entre Montréal et Tampa, en Floride (quelque 2,528 kilomètres).Notons ici qu'il ne faut pas confondre unité métrique et étalon métrique. L'unité est une quantité choisie comme terme de comparaison pour des quantités de même espèce, tandis que l'étalon est la représentation matérielle de cette unité .Ainsi, dans le système métrique, le mètre est l'unité de longueur a partir de laquelle toutes les autres sont comptés en progression décimale : un kilomètre vaut mille mètres, tandis qu'un millimètre n'en est que le millième. De même pour le gramme dont le multiple de mille s'appelle kilogramme et le sous-multiple de mille, milligramme. L'étalon, lui est témoin unique de la valeur réelle de chacune des unités du système considéré, témoin matériel défini par des accords internationaux et auquel il faut se référer pour vérifier l'exactitude des instruments de mesure servant a évaluer la quantité servant a évaluer la quantité d'unité.

Simplicité, clarté, universalité sont les avantages de la métrologie moderne

Les avantages du système métrique, indépendamment de la qualité des étalons de mesure qui en assurent l'intégrité, sont les suivants :

Numération décimale : simplicité des opérations arithmétiques ou l'on n'a qu'a déplacer des points décimaux.

Thermologie claire et logique : les unités portent des noms bien formes et les ordres de grandeur sont désignés par des préfixes qui sont les mêmes pour toutes les classes de mesure.

Universalité : le système métrique répond a un besoin d'unification des mesures dans le monde entier et son efficacité repose sur des accords internationaux qui en font le bien commun de tous les pays qui l'adoptent.

Méthodes scientifiques de contrôle : le Bureau International des poids et Mesures, qui est l'émanation de la conférence internationale, centralise les méthodes les plus avancées de la métrologie moderne.

Examinons la situation dans laquelle se trouvent plusieurs pays en ce moment ; prenons le canada, par exemple. Ce pays a adhéré en 1907 a la convention du Mètre et possède un prototype : Ainsi , officiellement , la longueur du pouce canadien est de 254 dix-millièmes de mètres .Mais , dans la pratique , on continue toujours a se servir de mesures désuètes et difficiles , sauf, bien entendu, dans le domaine scientifique et dans certaines industries ou une grande précision est indispensable. La nécessité d'employer des mesures anglaises et américaines augmente encore la confusion, car sous un même nom, elles représentent souvent des grandeurs différentes .par exemple, le gallon impérial équivaut a 277.274 pouces cubes, mais s'il s'agit d'un gallon américain, il n'en contient que 231.Les choses se compliquent encore davantage dans la province de Québec ou les habitants ont conserve plusieurs vieilles mesures françaises ; on y parle encore de roquilles , de demiards, de quarterons .Les mesures anglaises *quart et pint* s'y traduisent, la première par « pinte » et la seconde par « chopine ». Le Manuel et *l'arpenteur-géomètre* mentionne les anciennes mesures françaises suivantes :

6 pieds=1 toise
3 toises=1 perche
10 perche =1 arpent
84 arpents =1 lieue
1 arpent   = 180 pieds français
     ''   = 191.835 pieds anglais
1 pied de paris = 12.789 pouces anglais

Les trois-quarts de la population mondiale ont adopte le système métrique

Dans ces conditions, il est bien évident que le canada aurait grand intérêt à adopter un système de mesures uniforme. Toutefois, il dépend économiquement des Etats-Unis et de l'Angleterre et attendra probablement que ces deux grands pays lui donnent l'exemple personne ne songe a nier les immenses avantages du système métrique, mais l'on se rend difficilement compte du cout considérable qu'entraine son adoption ; dans le cas de l'Angleterre, par exemple, les frais estimes dépassent ce qu'a coute pour ce pays la Seconde Guerre mondiale ! Malgré cela, le gouvernement a décide en 1965 la conversion au système métrique ; elle se fera par secteurs de l'économie et s'échelonnera sur une période de dix ans. Les Etats-Unis, encore hésitants, ne sauraient rester longtemps en arrière. A l'heure actuelle, plus de trois quarts de la population du globe on adopte ou sont en voie d'adopter le système métrique ; tôt ou tard, son usage s'étendra a tous les pays du monde, sans exception.

www.ingramcontent.com/pod-product-compliance
Lightning Source LLC
Chambersburg PA
CBHW030512220526
45464CB00006B/2761